MONITORIZACION

HEMODINAMICA AVANZADA EN

EL PACIENTE CRITICO

Dr Francisco Hidalgo Gómez

Médico especialista en Médicina Intensiva
Médico especialista en Farmacología Clínica
Médico generalista

I.- INTRODUCCION

El objetivo de la monitorización hemodinámica de los pacientes críticos es valorar la adecuada perfusión y oxigenación tisular. El **catéter de arteria pulmonar** ha sido considerado durante décadas como el principal método de monitorización. Sin embargo, en los últimos años se han añadido otros métodos, como la **ecocardiografía transesofágica**, cuyo papel en el manejo de este tipo de pacientes se va consolidando día a día. Por último, están todavía por definir la verdadera utilidad y las limitaciones de métodos más novedosos, como el PiCCo y el PulseCO, entre otros.

II.- CATETER DE ARTERIA PULMONAR (SWAN-GANZ)

Aunque existe todavía gran controversia acerca de la verdadera utilidad de la utilización del catéter de arteria pulmonar (CAP) y de la fiabilidad de los datos obtenidos a través de él, forma parte de la monitorización casi rutinaria de muchas Unidades de Críticos (especialmente Unidades Coronarias y de Postoperatorio de Cirugía Cardíaca), por lo que su conocimiento es básico para cualquiera que desarrolle su actividad en ese ámbito.

El CAP proporciona datos tanto de la funcionalidad cardíaca (gasto cardíaco, precarga, postcarga), como de la oxigenación tisular (aporte y consumo de oxígeno). Sin embargo, estos datos deben ser siempre valorados de forma crítica, conociendo sus posibles limitaciones. Es fundamental un buen conocimiento del significado de todas las variables analizadas. Varios estudios realizados tanto en Europa como Norteamérica demuestran de forma preocupante un insuficiente conocimiento de los datos aportados por el CAP.

1.- DESCRIPCION DEL CATETER
La estructura general del catéter básico es (fig.1):
-un **catéter de poliuretano de 110 cm de largo** y un diámetro externo de 7 o 7.5 French, con dos conductos internos:

? uno de ellos discurre por toda la longitud del catéter hasta la punta del mismo (luz distal)

? el otro se abre a 30 cm del extremo del catéter (luz proximal)

-en la punta del catéter existe un **balón de látex** de 1.5 cc de capacidad, y que es el que, una vez hinchado, permite avanzar al catéter impulsado por el flujo sanguíneo, impidiendo que colisione con las estructuras intravasculares.

-un **termistor** (transductor que registra cambios de temperatura) situado en la superficie externa del catéter a 4 cm de su extremo, y que permite el cálculo del gasto cardíaco por termodilución.

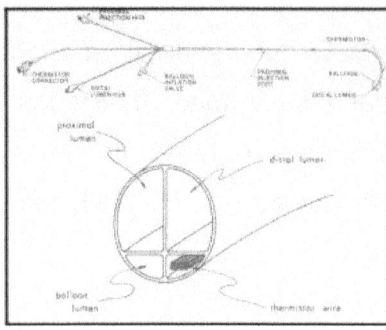

Figura 1

Adicionalmente puede existir:

- uno o dos conductos extras que se abren a 19 y 27 cm de la punta del catéter, utilizables para **infusión de líquidos** o para la introducción de un **electrocatéteres** temporales para estimulación de VD y AD, respectivamente.

-un sistema de fibra óptica para monitorizar de forma continua la **saturación venosa mixta**

-un termistor de repuesta rápida para medir la **fracción de eyección del ventrículo derecho**

-una resistencia eléctrica que genera pulsos calóricos de baja intensidad que permite calcular el **gasto cardíaco continuo** por termodilución

Existe además toda una serie de material suplementario:

-un **catéter introductor** de mayor diámetro (8.5 o 9 French). Se le acopla una funda protectora para facilitar la entrada, retirada o eventual recolocación del CAP. Limita asímismo el riesgo de infección. Se recomienda no mantener el introductor en ausencia del CAP, por riesgo de embolia gaseosa y de perforación vascular.

-**material para medición de presiones**: alargaderas, conexiones rígidas y sistemas transductores de presión conectados a un monitor. Deben verificarse siempre antes del inicio de cada medida, y siempre que existan dudas respecto al trazado o los datos numéricos registrados. Deben calibrarse los transductores y comprobar la ausencia de burbujas de aire que puedan amortiguar la transmisión de las presiones. Así mismo, deben limitarse al máximo las conexiones y la longitud de los catéteres alargadera.

-**monitores** el registro de presiones y de la curva de termodilución. Hoy en día incluyen el software necesario para el cálculo directo de los parámetros hemodinámicos derivados.

2.- INSERCION DEL CATETER

- El **ECG** del paciente debe estar monitorizado de forma continua, a fin de detectar cualquier alteración del ritmo y/o la conducción

- La inserción debe realizarse tomando medidas de **estricta asepsia**

- Las vías de acceso pueden ser: yugular (mejor derecha), subclavia (mejor izquierda) o braquial. Primero se coloca el catéter introductor y posteriormente se introduce a su través el CAP.

- Antes de la introducción del catéter deben conectarse las luces proximal y distal a sus respectivas alargaderas, y purgar las luces con el suero elegido. Se deja monitorizada en pantalla la presión registrada a través de la luz distal, y será su morfología la que nos irá guiando a través de las sucesivas cavidades vasculares y cardíacas .

- Inicialmente se introduce el catéter unos 15-20 cm, lo suficiente como para que atraviese la longitud del introductor y alcance la luz vascular. En ese momento debe hincharse el balón con 1.5 ml de aire, y a partir de entonces deberá siempre avanzarse con el balón hinchado. En la figura 2 se expone la morfología de las ondas de presión correspondiente a cada localización.

? La primera en aparecer será la de la **presión venosa central: vena cava superior o aurícula derecha** (oscila entre 1 y 6 mmHg)

? que se continua con la de **ventrículo derecho** tras atravesar la válvula tricúspide. En este momento pueden aparecer **arritmias o trastornos de la conducción**, normalmente transitorios, pero que obligan a disponer siempre de medicación antiarrítmica y que contraindican el CAP en pacientes con bloqueos avanzados si no se dispone de un electrocatéter. La curva de presión es pulsátil: la caída diastólica es igual a la presión de aurícula derecha (de 1 a 6 mmHg) y el pico sistólico normal es de 15 a 30 mmHg.

? A los 40 cm aproximadamente el catéter atraviesa la válvula pulmonar y se introduce en la **arteria pulmonar**: la presión diastólica aumenta bruscamente (hasta 6-12 mmHg), y el pico sistólico no varía. La presión distólica pulmonar presenta además una incisura dícrota.

? Finalmente, si seguimos avanzando, se alcanzará la **presión de enclavamiento capilar pulmonar (PECP) o presión capilar pulmonar (PCP)**. La onda es de morfología similar la de la PVC, con valores similares a los de la presión diastólica pulmonar (6-12 mmHg).

? Cuando aparece en el registro el trazado de la presión de enclavamiento debe detenerse la progresión del catéter y deshinchar el balón, tras lo cual debe **reaparecer la morfología de la curva de presión de arteria pulmonar**. Si no es así, debe retirarse el catéter (siempre con el balón deshinchado) hasta que reaparezca.

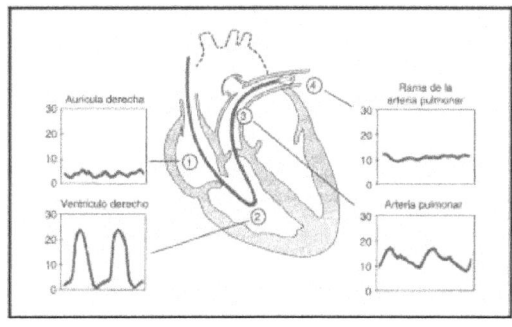

? Las **condiciones de validez de la presión de enclavamiento pulmonar** son:

- la acción de inflar y desinflar el balón debe hacer aparecer las curvas de PCP y de PAP, respectivamente

- la morfología de la curva de PCP debe ser la de una curva de presión auricular, con sus dos ondas características "a" y "v"

- el valor medio de la PCP debe ser igual o inferior a la PAP diastólica, salvo si existe una onda "v" de regurgitación mitral, o si el paciente presentaba una hipertensión pulmonar

- la sangre extraída de la luz distal del catéter con el balón hinchado debe cumplir que:

  1.- la pO2 de enclavamiento sea superior en al menos 19 mmHg a la pO2 arterial,

  2.- la pCO2 de enclavamiento sea inferior en al menos 11 mmHg a la pCO2 arterial

  3.- el pH de enclavamiento sea superior en al menos 0.008 al pH arterial

? Como regla general, cada 15 cm de avance del catéter debe cambiar la morfología de la curva. Si no es así es que el catéter está formando algún bucle, por lo que se recomienda retirarlo (con el balón deshinchado) y volverlo a introducir. Los valores normales de las diferentes ondas de presión quedan reflejados en la siguiente tabla

		Valores normales en reposo (mmHg)			
	Onda a	Onda v	media	sistólica	telediastólica

AD	2-6	2-9	2-8		
VD				15-30	3-6
AP			9-16	15-30	3-12
PCP	3-15	3-12	1-12		

? El balón debe siempre quedar desinflado mientras está en la arteria pulmonar. Su hinchado se reserva para el momento puntual de medición de la PCP. **No debe permanecer continuamente registrada la PCP.** Cuando se hincha el balón para conseguir la PCP, no siempre hay que hacerlo completamente: a veces con menor volumen se consigue ya un trazado adecuado. Todas estas medidas de precaución ayudarán a disminuir el riesgo de infarto pulmonar.

? Una vez correctamente colocado el CAP, la luz proximal queda a nivel de la aurícula derecha, y la luz distal de la arteria pulmonar, pudiéndose registrar de forma continua estos dos trazados.

? Tras la colocación del catéter hay que realizar una **RX simple de tórax** para comprobar la correcta ubicación del mismo en la zona 3 de West, descartando que esté demasiado introducido (riesgo de infarto pulmonar) o en zonas pulmonares superiores. También servirá para descartar posibles complicaciones derivadas de la canulación de una vía central (neumotórax, hematomas,...)

3.- PROBLEMAS MAS FRECUENTES

* El catéter no se introduce en el ventrículo derecho

Si a pesar de varios intentos no conseguimos curva de presión ventricular derecha, una maniobra que puede resultar de utilidad es hinchar el balón con suero fisiológico estéril, en vez de con aire, y colocar al paciente en decúbito lateral izquierdo, para que por efecto de la gravedad el peso del balón haga que éste caiga en el VD. Si se consigue el paso a VD habrá que volver a hinchar el balón con aire.

* El catéter no se introduce en la arteria pulmonar

En este caso lo único que podemos hacer es evitar introducir el catéter con movimientos rápidos, sino hacerlo de forma suave y continuada, de forma que el catéter se vea arrastrado por el flujo sanguíneo hacia la arteria pulmonar.

* El catéter no enclava

En ocasiones no se consigue una curva correcta de enclavamiento, persistiendo la morfología de arteria pulmonar a pesar de la introducción total del catéter. Aunque no se sabe con certeza, la causa podría ser un inflado no uniforme del balón. Puede entonces asumirse como valor de PCP la diastólica de la PAP, excepto en caso de hipertensión pulmonar.

* Arritmias

Su incidencia es elevada (hasta de un 50%). Lo más frecuente(90%) es que se trate de problemas del ritmo ventriculares al atravesar el VD (en miocardios irritables, como puede ser el isquémico). En un 1-5% de los casos estas arritmias pueden ser graves, aunque en general son fugaces, cediendo al retirar el catéter del VD o al seguir introduciéndolo hasta la arteria pulmonar, por lo que no es necesario tratarlas. Sin embargo, sí deberá tratarse la taquicardia ventricular sostenida. Por otro lado, el riesgo de bloqueo de rama derecha por introducción del catéter en las cavidades derechas expone a los pacientes con bloqueos de rama izquierda a un bloqueo AV completo, que obligaría a la introducción de un electrocatéter para marcapasos temporal, por lo que en estos pacientes es recomendable emplear los CAP que disponen de una vía accesoria para tal fin.

4.-INFORMACION HEMODINAMICA OBTENIDA A TRAVES DEL CAP

4.1.- Morfología de las ondas de presión (figura 3)

Recordemos que en el trazado de las ondas de presión tanto de la PVC como de la PCP se pueden distinguir tres picos y dos valles (ondas "a", "c" y "v", valles "x" e "y"), que corresponden a las diferentes fases del ciclo cardíaco.

La onda de PVC se corresponde con el corazón derecho y la de PCP con el izquierdo. Ambas son similares, aunque:

? Los valores de la PCP son ligeramente superiores a los de la PVC

?La onda de PCP aparece ligeramente retrasada respecto a la de la PVC, por la secuencia de activación del sistema de conducción

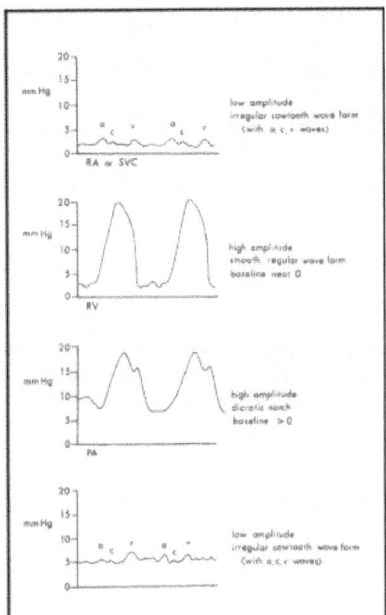

Figura 3

Podemos obtener alguna información de estas ondas:

? **Ausencia de ondas "a"** : ausencia de contracción auricular (**fibrilación auricular**)

? **Ondas "a" cañón:** la aurícula se contrae estando la válvula A-V (mitral o tricúspide, según se vea en la PVC o la PCP) cerrada o estenótica (**ritmos nodales, estenosis valvulares**)

? **Ondas "v" gigantes:** la presión de la contracción ventricular se transmite a la aurícula (**insuficiencia mitral o tricuspídea**)

? **Ondas de presión igualadas: taponamiento**

4.2.- Parámetros hemodinámicos

A continuación se describen los principales parámetros hemodinámicos que se pueden obtener a través del CAP. Su expresión en relación al área de superficie corporal (ASC) se utiliza para minimizar las diferencias debidas al tamaño del individuo. Hay múltiples fórmulas y tablas para el cálculo del ASC, aunque una sencilla es la siguiente:

$$\text{ASC (m}^2) = [\text{Talla (cm)} + \text{Peso (kg)} - 60] \ / \ 100$$

Cuando un parámetro se expresa en relación al ASC se le añade el término *índice*.

?   *Presión Venosa Central*

Es la registrada a partir de la vía proximal del CAP, situada a nivel de la vena cava superior o de la aurícula derecha. En ausencia de obstrucción entre AD y VD es equivalente a la presión telediastólica del VD.

Recordemos un principio básico de la monitorización de presones intravasculares a nivel torácico: **las presiones deben medirse al final de la espiración. Se empleará la presión máxima en pacientes en respiración espontánea y la mínima en los pacientes en ventilación mecánica.**

?   *Presión capilar pulmonar (PCP) o Presión de enclavamiento pulmonar (PEP)*

Es la registrada a través de la luz distal del catéter estando inflado el globo, una vez enclavado el catéter según se ha comentado anteriormente. En estas condiciones desaparece el flujo sanguíneo a ese nivel, por lo que la presión registrada reflejará la transmisión de la presión a nivel de la aurícula izquierda (PAI).

Puesto que la PAI equivale normalmente a la presión telediastólica ventricular izquierda (PTDVI), la PCP podría utilizarse para obtener una idea acerca de esta última, que es a su vez un reflejo de la precarga del VI. Sin embargo, todas estas equivalencias (PCP = PAI = PTDVI = precarga ventricular) no son siempre totalmente ciertas:

(a)   *PCP como PAI:*

? **la PCP es asimilable a la PAI sólo cuando la punta del catéter se halla en la zona 3 del pulmón** (zona más declive, en la que la presión capilar supera a la presión alveolar). Se considera que las regiones situadas por debajo de la aurícula izquierda se hallan en la zona 3, y dado que es también la zona con mayor flujo sanguíneo, la mayoría de las veces los catéteres se localizan allí. Nos debe hacer sospechar que esto no es así si hay variaciones importantes de la PCP con la respiración o si al aplicar PEEP la PCP aumenta el 50% ó más del valor de esa PEEP.

? **la utilización de PEEP hace que disminuya la zona 3 pulmonar, pudiendo llegar a anularla si la PCP es baja.** Por este motivo la PCP deberá medirse si es posible durante una desconexión temporal del respirador. También debe tenerse en cuenta la existencia de auto-peep en algunos pacientes con enfermedad pulmonar obstructiva crónica, sobre todo cuando se ventilan con un volumen tidal elevado.

(b) *PCP como PTDVI:* ni la PCP ni la PAI reflejan la PTDVI cuando existe:

? **Insuficiencia aórtica:** la PTDVI suele ser superior a la PCP y a la PAI si la válvula mitral se cierra antes de que el ventrículo deje de recibir sangre refluida

? **Ventrículo poco compliante:** en los ventrículos poco distensibles la presión aumenta muy rápidamente, cerrándose precozmente la válvula mitral, por lo que la PCP y la PAI son inferiores a la PTDVI

? **Insuficiencia respiratoria:** la PCP puede ser superior a la PTDVI por la vasoconstricción hipóxica

(c) *PCP como precarga.* La PCP como reflejo de la presión telediastólica ventricular no representa la precarga ventricular cuando se trata de ventrículos poco compliantes (VI hipertrófico, isquémico), ya que en realidad lo que refleja la precarga es el *volumen*, no la *presión*, antes de la contracción ventricular.

? *Gasto cardíaco*

Gracias a la introducción de un termistor (que registra los cambios de temperatura sanguínea) en el extremo distal del catéter es posible calcular el gasto cardíaco, aplicando el **principio de termodilución**. Este se basa en la premisa de que, al añadir un indicador a la sangre circulante, la tasa de flujo sanguíneo será inversamente proporcional al cambio de concentración de ese indicador a lo largo del tiempo. Ese "indicador" puede ser un colorante (método de dilución del colorante) o un líquido con una temperatura diferente a la de la sangre (método de termodilución).

Este principio se aplica al CAP de la siguiente manera: se inyecta un líquido (suero salino fisiológico o suero glucosado) con temperatura diferente a la de la sangre (enfriado con hielo o a temperatura ambiente) a través de la luz proximal del catéter, en la aurícula derecha. Este líquido, al mezclarse con la sangre, bajará la temperatura de ésta, y al llegar a la arteria pulmonar, el termistor registrará el cambio de temperatura en función del tiempo. Esta información se procesa y se expresa en forma de una curva que relaciona el cambio de temperatura en relación al tiempo (figura 4)

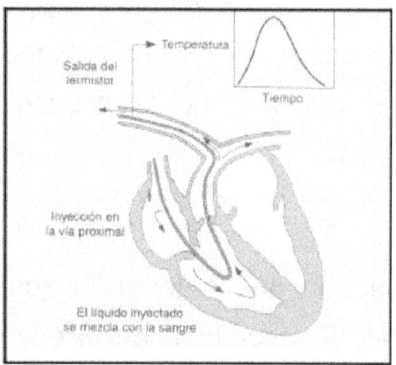

Figura 4

El área bajo la curva es inversamente proporcional al flujo sanguíneo en la arteria pulmonar, que es a su vez equivalente al gasto cardíaco (excepto si existen shunts intracardíacos). Las curvas correspondientes a gastos cardíacos altos presentan una subida rápida, un pico breve y un descenso también rápido. Las de gasto cardíaco bajo por el contrario presentan un ascenso y un descenso graduales (figura 5). Mediante ordenador se integra el área bajo la curva, obteniéndose el valor numérico del gasto cardíaco.

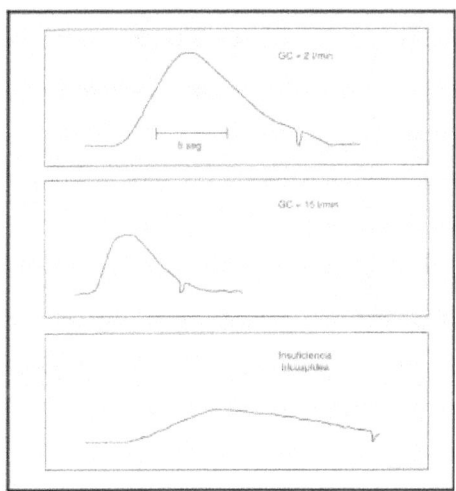

Figura 5

Existen una serie de **consideraciones técnicas** :

? **Posición del paciente** : dado que el gasto cardíaco puede ser hasta un 30% más alto en decúbito supino que en posición semierguida, el cálculo del gasto cardíaco es preferible realizarlo en decúbito o, si ello no es posible, realizarlo siempre en la misma posición, a fin de minimizar la variabilidad debida a la misma.

? **Tipo de líquido inyectado:** los mejores resultados se obtienen inyectando suero fisiológico o suero glucosado al 5%, en razón a sus constantes de calor específico.

? **Volumen inyectado:** se aconseja un volumen de 10 ml, aunque también pueden inyectarse 5 ml si se enfría la solución en hielo.

? **Temperatura del líquido inyectado** : los mejores resultados se obtienen si se enfría en hielo hasta una temperatura inferior a 5° C, aunque también puede inyectarse a temperatura ambiente (siempre que esta sea inferior a la de la sangre). En todo caso, no se recomienda utilizar sólo 5 ml si la temperatura es la ambiental. A la inversa, si se utilizan volúmenes de inyección pequeños, el enfriamiento en hielo aumenta la fiabilidad de las mediciones. La utilización de volúmenes pequeños a temperatura ambiente puede dar resultados inexactos, por lo que no se recomienda en los estados de bajo gasto.

? **Duración de la inyección:** los mejores resultados se obtienen con tiempos de inyección entre 2 y 4 segundos. Tiempos más prolongados pueden provocar resultados falsamente bajos.

? **Momento de la inyección:** el gasto cardíaco puede variar significativamente (hasta en un 10%) durante el ciclo respiratorio. Sin embargo, dado que es muy difícil sincronizar las inyecciones para que la curva se registre siempre durante la misma fase de la respiración, lo que se recomienda es empezar la inyección del líquido durante la misma fase del ciclo respiratorio.

? **Vía de inyección:** si no se puede emplear la vía proximal, puede utilizarse otra vía del mismo catéter, o incluso la del catéter introductor.

? **Número de inyecciones:** si la variabilidad entre ellas es inferior al 10% hay suficiente con 3. Si hay alguna medición claramente diferente (más del 10%) del resto deberá desestimarse. La primera determinación tiene más probabilidad de dar un resultado erróneo, por lo que será la primera en desestimarse.

Consideraciones fisiopatológicas:

? **Insuficiencia tricuspíde a:** puede dar lugar a resultados falsamente bajos, ya que el indicador (sangre fría) puede sufrir una o varias regurgitaciones antes de pasar a la arteria pulmonar, dando lugar a una curva de termodilución prolongada y de baja amplitud. Sin embargo, la insuficiencia tricuspídea debe ser importante para condicionar una alteración significativa del valor del gasto cardíaco.

? **Estados de bajo gasto:** al condicionar curvas de escasa amplitud se disminuye la exactitud del método de termodilución, por lo que en estos casos se recomienda emplear siempre soluciones frías y de volumen elevado (10 ml), ya que en caso contrario se puede subestimar el gasto hasta en un 30%.

? **Shunts intracardíacos:** pueden dar resultados falsamente elevados. Si son de derecha a izquierda, parte del indicador (sangre fría) se escapa y pasa a las cavidades izquierdas, dando una curva abreviada (similar a la de gasto elevado). Si son de izquierda a derecha, se diluye el indicador con sangre caliente procedente de las cavidades izquierdas, por lo que el resultado es el mismo en cuanto a la morfología de la curva.

? *Fracción de eyección del ventrículo derecho*
Gracias a la aplicación de termistors de respuesta rápida al CAP se ha podido calcular la fracción de eyección de esta cavidad. Se denominan termistors de "respuesta rápida" porque pueden detectar los cambios de temperatura asociados a cada ciclo cardíaco, dando como resultado una curva de

termodilución en la que se registran varias mesetas. El cambio de temperatura entre cada meseta es debido al "recalentamiento" de la sangre por dilución con el volumen de sangre que entra de nuevo en el ventrículo. Dado que este volumen de sangre constituirá el volumen sistólico, el cambio de temperatura entre dos mesetas de la curva (T1 – T2) será el equivalente térmico de dicho volumen sistólico. T1 será el equivalente del volumen al final de la diástole (figura 6). Todo ello nos permitirá calcular la fracción de eyección del ventrículo derecho (FEVD) según la siguiente fórmula:

$$FE = volumen\ sistólico\ /\ volumen\ telediastólico$$
$$FEVD = (T1 - T2)\ /\ T1$$

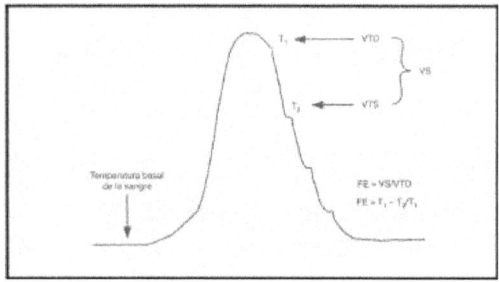

(La FEVD por termodilución es de 0.45 – 0.5) Figura 6

? *Gasto cardíaco continuo*
A fin de minimizar los errores de la termodilución manual y facilitar la labor asistencial se han desarrollado sistemas de medición continua del gasto cardíaco mediante catéteres de arteria pulmonar modificados. Se ha introducido un filamento térmico de 10 cm localizado a 15-25 cm de la punta del catéter (quedando situado a nivel de la aurícula derecha). Este

filamento genera pulsos térmicos de baja energía calórica, que se transmiten a la sangre circulante, y que generan un cambio de temperatura que será registrado por el termistor del catéter localizado a nivel de la arteria pulmonar. Así, de forma semejante a como se calcula el gasto cardíaco con los catéteres clásicos, se genera una curva de termodilución para cálculo del gasto y los demás parámetros hemodinámicos derivados. Aunque el método se ha clasificado como "continuo", sería más apropiado llamarlo "frecuente", puesto que en realidad la medición es el promedio del gasto cardíaco registrado durante períodos de 3 a 5 min, que se van actualizando cada 30-60 segundos.

? *Indice de trabajo sistólico ventricular izquierdo (ITSVI):* Este parámetro refleja el trabajo realizado por el ventrículo para eyectar la sangre hacia la aorta. Dependerá de la fuerza o presión ejercida (presión arterial media menos presión capilar) y del volumen eyectado (volumen sistólico), por lo que se puede calcular con los datos aportados por el CAP.

ITSVI =   (PAM - PCP) x   IVS (x 0.0136)
(N: 44-64 g . m /m2)

?   *Indice de trabajo sistólico ventricular derecho:* de forma similar, el ITSVD refleja el trabajo necesario para mover el volumen sistólico a través de la circulación pulmonar. Se calcula a partir de la presión arterial pulmonar media, la presión venosa central y del valor del volumen sistólico.

ITSVD =   (PAP - PVC) x   IVS   (x 0.0136)
(N: 7-12 g .m /m2)

?   *Indice de resistencia vascular sistémica*: representa las resistencias vasculares periféricas. Se calcula a través del gradiente de presiones desde la aorta hasta la aurícula derecha, y está inversamente relacionada con el flujo sanguíneo (índice cardíaco).

IRVS = (PAM - PVC) x 80 / IC   (N: 1600-2400 din-seg-m2/cm5)

? *Indice de resistencia vascular pulmonar:* paralelamente, las resistencias pulmonares son proporcionales al gradiente a través de la vasculatura pulmonar, desde la arteria pulmonar hasta la aurícula izquierda (representada por la PCP), e inversamente proporcional al indice cardíaco.

IRVP = (PAP - PCP) x 80 / IC   (N: 250-340 din-seg-m2/cm5   )

5.- PARAMETROS DEL SISTEMA DE TRANSPORTE Y CONSUMO DE O2

? Transporte arteria l de oxígeno: DO2

Es la cantidad de oxígeno (ml) transportada por minuto:

se define como el producto del gasto cardíaco (GC ó Q) por el contenido arterial de oxígeno (CaO2)

(despreciando la cantidad de oxígeno disuelto):

DO2 =   GC xCa O2 =   GC x (1.34 x Hb x Sat art O2)   x 10   (N: 850-1050 ml/min)

Si se emplea el indice cardíaco (IC) en vez del gasto cardíaco, las unidades se expresan en relación a la superficie corporal (m2). (N:520-570 ml/min/m2)

? Consumo de oxígeno: VO2

Refleja la cantidad de oxígeno extraída por los tejidos de la circulación sistémica.

Es función por tanto del índice cardíaco y de la diferencia de la concentración de oxígeno entre la sangre arterial y la venosa:

VO2 =   IC x (Ca O2 -   Cv O2),

y por lo tanto

VO2 =   IC x 1.34 x   Hb x (sat arterial O2 – sat venosa de O2)

Sus valores normales oscilan entre 110 – 160 ml/ min/m2

? *Saturación venosa mixta de oxígeno: SVO2*

En condiciones normales, la sangre procedente de un órgano contiene una cantidad de oxígeno muy variable de un tejido a otro (35% en el miocardio, 90% en el riñón). La saturación venosa medida a nivel de la arteria pulmonar (valores normales alrededor del 75%) se denomina **saturación venosa mixta**, y es un parámetro que refleja la funcionalidad global del sistema cardiovascular. Constituye un dato de gran relevancia, pues se relaciona directa y precozmente con estados de bajo gasto (descartándose sus otras causas de varia ción).

Su valor se puede obtener:

- mediante análisis directo de una muestra de sangre obtenida a través de la luz distal del catéter (localizado en arteria pulmonar)

- o bien mediante **monitorización continua de la SVO2** gracias a catéteres especiales, equipados con haces de fibra óptica, y que gracias a espectrofotometría de reflexión pueden detectar la saturación de oxígeno, registrándose los valores a intervalos de 5 segundos. Su valor puede variar de forma espontánea (sin que se modifique la situación hemodinámica), aunque una variación de la SVO2 superior al 5% que persista más de 10 minutos se considera significativa.

La SVO2 marca la relación entre el aporte (DO2) y el consumo (VO2) de oxígeno de los tejidos:

SVO2 = DO2/VO2.

Si se anulan los factores comunes entre la DO2 y el DO2 tenemos que SVO2 = (GC/VO2) x Hb x sat arterial de O2

Así pues, la SVO2 varía en función directa de:
- gasto cardíaco,
- hemoglobina y
- saturación arterial de oxígeno

(si estos descienden, la SVO2 también lo hace), y

es inversamente proporcional a:
- consumo de

oxígeno VO2 (si este

aumenta, desciende la

SVO2).

Si la SVO2 cambia es que alguno de estos cuatro factores lo ha hecho. Habrá que analizar y descartar entonces una a una las posibles variaciones de cada una de estas variables: GC, sat O2, Hb y VO2. En ausencia de cambios del nivel de Hb, de la saturación de oxígeno o del consumo de oxígeno, un valor inferior al 60% refleja una utilización importante de las reservas de extracción de oxígeno, y un va lor inferior al 40% refleja una hipoxia tisular severa.

La SVO2 también puede aumentar, interpretándose como un aumento del GC, de la cifra de Hb, de la saturación arterial de oxígeno, o un descenso del consumo. Este último caso (descenso del VO2) se da en casos de pacientes pre-mortem, por lo que no siempre un ascenso de valores de SVO2 que habían estado bajos tiene un significado positivo.

Hay otras causas de valores de SVO2 "falsamente" elevados:
- **sobreenclavamiento del catéter pulmonar:** se registra entonces la saturación de sangre arterializada pulmonar
- shunts arteriovenosos: la sangre oxigenada pasa directamente a territorio venoso, sin que se extraiga el oxígeno
- alteraciones enzimáticas a nivel celular (intoxicación por cianuro): el oxígeno llega a la s células, pero no se utiliza adecuadamente
-

? Coeficiente de extracción de oxígeno: CEO2 o O2ER
Es la fracción de extracción de oxígeno por parte de los tejidos, es decir, la relación entre el consumo (VO2) y el aporte (DO2) de oxígeno:

CE O2 = VO2 / DO2 (x 100)

El valor normal es de 0.2 a 0.3 (20-30%); es decir, que el 20-30% del oxígeno entregado a los capilares llega al interior de los tejidos. Sólo se utiliza una pequeña parte del oxígeno disponible a nivel capilar. La extracción de oxígeno puede variar, dentro de unos límites, en función tanto de las necesidades tisulares (puede aumentar hasta un 50-60%) como del aporte de oxígeno (la extracción aumenta si el aporte disminuye. Cuando un descenso del aporte de oxígeno (DO2) se acompaña de un aumento proporcional de la extracción (CEO2), el consumo (VO2) permanecerá constante. Sin embargo, si en esta situación la extracción (CEO2) se mantiene fija, disminuirá el consumo (VO2).

☐ *Curva de DO2 – VO2 (figura 6)*

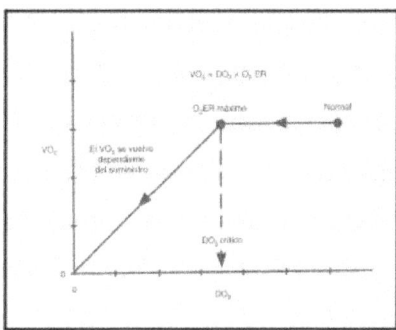

Figura 6

Relaciona el transporte y el consumo de oxígeno: a medida que el aporte (DO2) disminuye por debajo de lo normal (por bajo gasto, anemia, desaturación de oxígeno), el coeficiente de extracción aumenta proporcionalmente, manteniéndose constante el consumo de oxígeno (VO2). Cuando el CE O2 alcanza su nivel máximo (60-70%), posteriores descensos del aporte se acompañan de descensos del VO2. En esta fase de la curva, el consumo de oxígeno se vuelve dependiente del aporte. El aporte de oxígeno en el que el consumo se vuelve dependiente del suministro se denomina **transporte crítico de oxígeno (DO2 crítico)**, y es el punto en el que la producción energética de las células queda limitada por el oxígeno. En el paciente crítico varía ampliamente entre 150 y 1000 ml / min / m2. En estos pacientes puede existir una dependencia patológica entre el consumo de oxígeno (y producción de ATP celular) y el aporte. En este caso se produce una dependencia del suministro o aporte a unos niveles muy bajos de consumo. Esta dependencia patológica VO2/DO2 se asocia con un mal pronóstico de los enfermos.

6.- COMPLICACIONES DEL CAP:
6.1.- Relacionadas con la canulación de una vía central:
- ? Neumotórax
- ? Punción arterial. Hematoma.
- ? Embolia gaseosa
- ? Lesiones nerviosas
- ? Fístula arteriovenosa

6.2.- Relacionadas con la inserción del catéter:

? Arritmias

? Lesión de estructuras cardíacas al avanzar y retirar el catéter, si se hace en contra de resistencia

6.3.- Relacionadas con el mantenimiento del catéter:

? **Infarto pulmonar** (incidencia 1.3%), por migración distal del catéter, mantenimiento de un balón hinchado durante un tiempo excesivo, formación de un trombo alrededor del extremo del catéter o tromboembolia del mismo. Debe monitorizarse siempre la curva de la PAP, a fin de detectar el enclavamiento del catéter

? **Tromboembolismos** : la trombosis del catéter es frecuente, y su incidencia está ligada a la duración del cateterismo. Puede localizarse en el lugar de inserción o sobre el mismo. Puede darse una embolia pulmonar, una trombosis vascular o una trombosis valvular.

? **Ruptura de la arteria pulmonar**: complicación rara (0.06-0.2%) pero muy grave (mortalidad del 50%). Son factores predisponentes el inflado excesivo del balón, la edad, la hipotermia y la hipertensión arterial pulmonar. Cursa con una hemoptisis, que puede ser cataclísmica.

? **Infección del catéter**: existe una colonización bacteriana en el 10% de los catéteres, aunque los casos de sepsis suponen un 2%. El riesgo de infección aumenta significativamente si el CAP permanece más de 72h. El riesgo de endocarditis relacionada con el CAP es bajo.

? **Lesiones endocárdicas** : trombos parietales o hemorragias subendocárdicas. Su localización más frecuente es la válvula pulmonar, seguida de la tricúspide, la aurícula derecha, el ventrículo derecho y el tronco de la arteria pulmonar. Se han descrito casos raros de rotura de cuerdas de la válvula tricúspide o de insuficiencia valvular pulmonar. Se dan con la retirada del catéter con el balón hinchado, y sobre todo si se ha introducido con el balón deshinchado.

? **Alergia al látex**: es una contraindicación para la colocación de un CAP con balón.

? **Otras complicaciones**: rotura del balón, con embolia gaseosa o embolia de un fragmento del balón; obstrucción del orificio de una cánula venosa durante la CEC,... Un conocimiento insuficiente del CAP o una mala interpretación de los valores recogidos pueden conducir a terapéuticas erróneas, responsables de parte de la morbilidad asociada al uso del CAP.

7.- INDICACIONES DEL CAP

7.1.- Condiciones preoperatorias que aconsejan la utilización del CAP:

? Pacientes con función ventricular deprimida (FE < 40%)

? Pacientes con hipertensión pulmonar (PAPs > 30 mmHg)

? Pacientes hemodinámicamente inestables que requieren apoyo inotrópico y/o balón de contrapulsación intraaórtico

? Pacientes programados para

trasplante cardíaco y hepático **7.2.-**

Condiciones intraoperatorias:

? Procedimientos que condicionen pérdidas sanguíneas importantes con enfermedad arterial coronaria

? Pacientes hemodinámicamente inestables que requieran apoyo inotrópico y/o balón de contrapulsación

7.3.- Reanimación: se pueden definir tres grandes grupos de indicaciones:

? **Diagnósticas:** en los estados de shock, los estudios hemodinámicos para evaluar las condiciones de relleno vascular y de gasto cardíaco

? **Monitorización:** el CAP permite una vigilancia hemodinámica en pacientes con riesgo de inestabilizarse, sobre todo gracias a la monitorización del GC y de la saturación venosa mixta continuas: fallo multiorgánico, shock, infartos recientes con patología intercurrente, politransfundidos, muerte encefálica, pacientes con hemofiltración,..

? **Estudio hemodinámico en el curso de un TEP.**

8.- CONTRAINDICACIONES DEL CAP

8.1.- Absolutas:

- ? Estenosis valvular tricuspídea o pulmonar
- ? Prótesis tricuspídea
- ? Masas intracavitarias derechas
- ? Tetralogía de Fallot
- ? Alergia al látex

8.2.- Relativas

- ? Arritmias severas
- ? Coagulopatía
- ? Marcapasos definitivos colocados recientemente (< 4-6 semanas)

9.- RECOMENDACIONES

El beneficio reportado por la utilización del CAP pasa por reducir al máximo las complicaciones y por escoger la alternativa terapéutica adecuada.

9.1.-Recomendaciones para la seguridad de utilización del CAP

- ? El catéter debe colocarse en condiciones de estricta asepsia
- ? Su colocación debe realizarse por o bajo la supervisión de un facultativo con experiencia
- ? Dado el riesgo de arritmias, debe existir una monitorización continua del ECG, disponer de medios de reanimación cardiorrespiratoria, y acceso venoso para la infusión de antiarrítmicos. En pacientes con bloqueo de rama

izquierda debe disponerse de la posibilidad de conectar un marcapasos

? Antes de pasar la punta del catéter por el ventrículo derecho, debe hincharse el balón con 1.5 ml. Para evitar la formación de nudos, el catéter no debe introducirse más allá de la distancia recomendada. Después de su colocación debe fijarse, y comprobar su colocación mediante una RX de tórax.

? Para evitar el riesgo de perforación arterial, infarto pulmonar o complicaciones tromboembólicas, deben tomarse las siguientes precauciones:

? purgar el catéter con suero heparinizado

?monitorizar de forma continua el trazado de la curva de la PAP. Si se modifica, existe la sospecha de migración distal

? no dejar jamás un balón hinchado

? tras obtener un trazado de PCP, dejar de hinchar el balón (aunque no se llegue al 1.5 ml)

? si el trazado de PCP se obtiene con un volumen de hinchado del balón muy inferior a 1.5 ml, debe retirarse el catéter hasta una posición más proximal

? no hinchar el balón con líquido

? evitar purgar el catéter con líquido a alta presión cuando el trazado se amortigua si no se está seguro de que no está enclavado

? sospechar siempre la ruptura de la arteria pulmonar en caso de hemoptisis

?Las complicaciones valvulares se previenen limitando la duración del cateterismo y no retirando jamás el catéter con el balón inflado

? Las complicaciones infecciosas se previenen colocando el catéter en condicio nes de estricta asepsia, manipulándolo también asépticamente, e intentando limitar su duración a 72 h.

9.2.- Recomendaciones para la interpretación de los parámetros:

? practicar a menudo el procedimiento (> 30 veces al año)

? conocer la fisiopatología cardiocirculatoria

?discusión en sesiones con otros facultativos de los resultados obtenidos y de las estrategias terapéuticas propuestas

III.- ECOCARDIOGRAFIA TRANSESOFAGICA (ETE)

La ETE se está introduciendo tanto en los quirófanos como en las Unidades de Reanimación (sobre todo en las de control postoperatorio de cirugía cardiovascular) como método de monitorización y diagnóstico avanzado. Consiste en la introducción de una sonda fibroscópica con cristales emisores de ultrasonidos en su extremo distal, y conectada a un aparato con monitor por el proximal, donde también se hallan los rotores que controlan los movimientos del extremo distal y del ángulo del transductor. Gracias a la estrecha relación anatómica que existe entre el esófago y el estómago (donde se halla localizada la punta del eco transesofágico) y las cavidades cardíacas, podemos realizar una exploración visual y funcional de las mismas. De entrada permite la evaluación de la contractilidad global y segmentaria, tanto del VI como del VD. Simultáneamente permite valorar las diferentes válvulas, no sólo desde el punto de vista estructural sino también funcional. Gracias a la aplicación de diferentes fórmulas, es posible realizar cálculos de fracción de eyección, volumen sistólico, gasto cardíaco, estimación de presión de aurícula izquierda, de presión de arteria pulmonar, .. Por otra parte, el análisis del flujo de sangre a través de las diferentes válvulas mediante las técnicas de doppler, nos permitirá analizar tanto la función sistólica como la diastólica. Como se puede deducir de lo dicho, la información aportada por el ETE no sólo confirma la obtenida a través del CAP, sino que la complementa con datos que no quedan reflejados por el CAP.

Así pues permite la valoración de:

? la función biventricular (tanto global como segmentaria): insuficiencias cardíacas, alteraciones segmentarias post-IAM, rechazo de trasplante cardíaco,... Es especialmente útil para valorar el ventrículo derecho.

? la función valvular : insuficiencias, estenosis, endocarditis, disfunciones protésicas...

? shunts intracardíacos: CIA, CIV,...

? taponamiento pericárdico

? complicaciones mecánicas del IAM: ruptura músculos papilares, CIV, ruptura miocárdica,..

? presiones de llenado ventricular

? estado de la aorta torácica: disección aórtica,...

? flujo a través de injertos coronarios con mamaria interna

? estado de la volemia.

? hipertensión pulmonar

? tromboembolismo pulmonar

Ventajas:

? Es un método muy útil puesto que nos ofrece imágenes directas (los otros tan sólo nos aportan datos numéricos), que siempre ayudan a una mejor comprensión de la situación

? A su vez también nos permite extraer datos cuantificables, que ayudan al manejo práctico y objetivo de la información

? Permite valorar tanto la función sistólica como la diastólica

? Aporta datos que no se consiguen con otras técnicas (como el CAP): valoración de la aorta torácica, de contractilidad segmentaria, taponamientos subclínicos, diagnóstico de endocarditis, complicaciones postquirúrgicas (hematomas, fugas periprotésicas,...), complicaciones post-IAM

? Es un método semi-invasivo, con poca tasa de complicaciones (obstrucción de la vía aérea, extubación traqueal, compresión vascular).

? Presenta pocas contraindicaciones: patología esofágica (cirugía esofágica reciente, divertículos, varices, desgarros, fístulas, estenosis o neoplasias), hemorragia digestiva alta no filiada.

Sin embargo, presenta una serie de **limitaciones**:

?   no es un método continuo (la sonda no puede dejarse continuamente en el paciente)

?   requiere de personal cualificado, entrenado en esta técnica, y no suele hallarse en general disponible las 24 h del día

?   por otra parte, es un método muy "observador-dependiente", sujeto por tanto a bastante variabilidad en la obtención de resultados

?   requiere sedación profunda del paciente, por lo que en general sólo es aplicable a pacientes intubados

Su futura difusión en las Unidades de Críticos debe pasar por el desarrollo de sondas de menor calibre, que sean mejor toleradas por los pacientes, no requiriendo por lo tanto su sedación profunda o intubación, y que la conviertan en una técnica continua. Por otra parte, deben desarrollarse programas intensivos de formación en esta técnica entre los facultativos que normalmente atendemos este tipo de Unidades, ya que su correcta implantación pasa por un conocimiento y comprensión de los datos aportados por ella.

IV.- OTROS

Gracias a los avances en la bioingeniería, se han desarrollado nuevos métodos para la monitorización y diagnóstico de pacientes en estado crítico. Algunas están todavía en fase experimental, otras deben ver todavía determinado su verdadero papel:

? **Monitorización del gasto cardíaco a través de termodilución arterial (sistema PiCCO)**

? **Monitorización del gasto cardíaco a través de dilución de litio (sistema LiDCO/PulseCO)**

? **Monitorización del gasto cardíaco aórtico a través de doppler esofágico**

? Monitorización del gasto cardíaco por bioimpedancia

? Monitorización del gasto cardíaco a través del ETCO2

V.- CONCLUSION

Si bien la cateterización de la arteria pulmonar nos ha permitido un avance extraordinario en la monitorización y diagnóstico del paciente crítico, su utilidad se está revalorando, puesto que va íntimamente relacionada con el grado de conocimiento que el facultativo tiene de la validez y significado de los datos obtenidos a su través. Por otra parte, una técnica menos invasiva como la ecocardiografía transesofágica aporta un gran abanico de información tanto morfológica como dinámica, por lo que, aunque presenta ciertas limitaciones, representa un futuro muy prometedor en la monitorización cardiovascular de este tipo de pacientes.

VI.- BIBLIOGRAFIA BASICA

? El libro de la UCI. Paul L. Marino.2ª edición. 1998. Editorial Masson. Capítulos 2, 10, 11, 12, 13 y 22.

? Critical Care Medicine. Perioperative Management. Murray M.J. 1997. Lippincott-Raven. Cap. 9.

? House Officer Guide to ICU Care. Fundamentals of management of the heart and lungs.

? Manual of cardiovascular Medicine. Marso SP. 2000. Lippincott Williams & Wilkins. Capítulo 50.

? Utilisation de la sonde de Swan-Ganz en anesthésie - réanimation. Expertise collective – 1996. Texte résumé des recommandations. En: www.sfar.org/swanganzrecomm

? Transesophageal Echocardiography in Critically Ill Patients.

Oh JK. Am J Cardiol 1990; 66: 1492-1495.

? Editorial: Noninvasive evaluation of the hemodinamically unstable patient: the advantages of seeing

clearly. Pearson AC. Mayo Clin Proc 1995; 70: 1012-1014.

? Echocardiographie transoesophagienne en anesthésie - réanimation. Bettex D. 1997. Editions Pradel.

? Practical Perioperative Transesophageal Echocardiography.

Sidebotham D (ed). Elsevier Science.2003.

VII.-ECUACIONES PARA CALCULAR PARAMETROS

A.- ECUACIONES DEL PERFIL CARDIACO

1. IC = GC/ASC (l / min / m2)   N : 2,8 – 4,2 l / min / m2

IC = índice cardíaco
GC = gasto cardíaco (l/min.)
ASC= área de superficie corporal (m^2)

2. RVS = [(PAM -PVC) x 80] / GC (dinas -seg./cm^5) N: 1000 – 1200 din-s / cm^5

RVS = resistencias vasculares sistémicas
PAM = presión arterial media (mmHg)
PVC = presión venosa central (mmHg)
GC = gasto cardíaco (l /min.)

3. IRVS = [(PAM -PVC) x 80] / IC (dinas -s.-m^2/cm^5) N: 1600 – 2400 din-s-m^2 / cm^5

IRVS = índice de resistencias vasculares sistémicas PAM = presión arterial media (mmHg)
PVC = presión venosa central (mmHg)

IC = índice cardíaco (l /min./m^2)

4.   RVP = [(PAPM -PCP) x 80] / GC (dinas -seg./cm^5)   N:
60 – 120 din-s / cm^5

RVP = resistencias vasculares pulmonares
PAPM = presión arterial pulmonar media (mmHg)
PCP = presión capilar pulmonar (mmHg)
GC = gasto cardíaco (l/min.)

5.   IRVP = [(PAPM -PCP) x 80] / IC (dinas -s.-m^2/cm^5)   N:
250 – 340 din-s-m ^{2} / cm^5

IRVP = índice resistencias vasculares pulmonares
PAPM = presión arterial pulmonar media (mmHg)
PCP = presión capilar pulmonar (mmHg)
IC = índice cardíaco (l/min./m^2)

6. VS = (GC/FC) x 1000 (ml)   N: 80 ml

VS = volumen sistólico
GC = gasto cardíaco (l/min.)
FC = frecuencia cardíaca (lpm)

7. IVS = (IC/FC) x 1000 (ml/m^2)   N: 30 - 65 ml / m^2

IVS = índice de volumen sistólico
IC = índice cardíaco (l/min./m^2)
FC = frecuencia cardíaca (lpm)

8. ITSVI = IVS x (PAM-PEAP) x 0,0136 (g-m/m^2/latido)   N: 44 – 64 g-m / m^2

ITSVI= índice trabajo salida del ventriculo izquierdo
IVS = índice volumen sistólico (ml/m^2)
PAM = presión arterial media (mmhg)
PCP = presión capilar pulmonar (mmhg)

9. ITSVD = IVS x (PAPM -PVC) x 0,0136 (g-m/m^2/latido)   N: 7 – 12 g-m / m^2

ITSVD = índice trabajo salida del ventriculo derecho
IVS = índice volumen sistólico (m/m^2)
PAPM = presión arterial pulmonar media (mmHg)
PVC = presión venosa central (mmHg)

10. ASC = 71,84 x (PP^{0,425}) x (T^{0,725}) / 10000   (m^2)

ASC= área de superficie corporal (DuBois) (m^2)
PP= peso paciente (kg)
T= estatura paciente (cm)

B) ECUACIONES DEL PERFIL DE OXIGENACIÓN

I. IEO$_2$ = [(SaO$_2$ - SVO$_2$) / SaO$_2$]   X   100 (%)

IEO$_2$ = Indice extracción de oxígeno

SaO_2 = Saturación arterial de oxígeno
SVO_2 = Saturación venosa de oxígeno

2. DO_2   **= CaO_2 x GC /**
10 (ml O_2/min)   N: 850 − 1050 ml
/ min

DO_2 = aporte de oxígeno
CaO_2 = contenido arterial de oxígeno (ml/dl)
GC = gasto cardíaco (l/min.)

3. $CaO_2 = (0,0138 \times Hg \times SaO_2) + (0,0031 \times PaO_2)$ **(ml/dl)**   N: 18 ml / dl

CaO_2 = contenido de oxígeno arterial
Hg = hemoglobina total (g/dl)
SaO_2 = saturación arterial de oxígeno
PaO_2 = presión parcial de oxígeno arterial (mmhg)

4. $CvO_2 = (0,0138 \times Hg \times SvO_2) + (0,0031 \times PvO_2)$ **(ml/dl)**   N: 13 ml / dl

CvO_2 = contenido venoso de oxígeno
Hg = hemoglobina total (g/dl)
SvO_2 = saturación venosa de oxígeno
PvO_2 = presión parcial de oxígeno venoso (mmhg)

5. $Ca\text{-}vO_2 = CaO_2 - CvO_2$ **(ml/dl)**   N: 5 ml / dl

CaO_2 = contenido arterial de oxígeno (ml/dl)
CvO_2 = contenido venosa de oxígeno (ml/dl)

6. $IDO_2 = CaO_2 \times IC \times 10$ **(ml O_2/min/m^2)**   N: 520 - 650 ml/min/m^2

IDO_2 = índice aporte oxígeno
CaO_2 = contenido arterial de oxígeno (ml/dl)
IC = índice cardíaco (l/min./m^2)

7. $VO_2 = Ca\text{-}vO_2 \times GC \times 10$ **(ml O_2/min.)**   N: 180 – 300 ml / min

VO_2 = consumo oxígeno
$Ca\text{-}vO_2$ = diferencia en el contenido de oxígeno arteriovenoso (ml/dl)
GC = gasto cardíaco (l/min.)

8. $IVO_2 = Ca\text{-}vO_2 \times IC \times 10$ **(mlO_2/min./m$_2$)**   N: 110 – 180 ml / min /m^2

IVO_2 = índice consumo oxígeno

Ca-vO$_2$= diferencia en el contenido de oxígeno arteriovenoso (ml/dl)

IC = índice cardíaco (l/min/m^2)

$$REO_2 = (Ca\text{-}vO_2 \,/\, CaO_2) \times 100$$

9. (%)

REO$_2$ = relación de extracción de oxígeno

CaO$_2$ = contenido arterial de oxígeno (ml/dl)

Ca-vO$_2$= diferencia en el contenido de oxígeno arteriovenoso (ml/dl)

MONITORIZACION HEMODINAMICA AVANZADA EN EL
PACIENTE CRITICO

FRANCISCO HIDALGO GOMEZ

ISBN: 978-0-244-67949-1